Bibliografische Information der Deutschen Nationalbibliothek:

Die Deutsche Bibliothek verzeichnet diese Publikation in der Deutschen National-
bibliografie; detaillierte bibliografische Daten sind im Internet über http://dnb.d-
nb.de/ abrufbar.

Impressum:

Copyright © 2018 GRIN Verlag
Druck und Bindung: Books on Demand GmbH, Norderstedt Germany
ISBN: 9783668812925

Dieses Buch bei GRIN:

https://www.grin.com/document/444157

Jennifer Berndt

Lupus Erythematodes. Ein Überblick über die unheilbare Autoimmunerkrankung

GRIN Verlag

Inhaltsverzeichnis

1   Einleitung

Der seltene Systemische Lupus Erythematodes ist eine der zahlreichen Autoimmunerkrankungen – jene sind Erkrankungen, bei denen das Immunsystem den eigenen Körper bekämpft – und gelten bisher als unheilbar.

In dieser Hausarbeit möchte ich mich mit dem Thema Lupus auseinandersetzen und auf seine verschiedenen Arten eingehen, da mich diese Krankheit fasziniert und ich mich tagtäglich damit beschäftigen muss, denn ich leide seit vielen Jahren bereits selbst darunter.

2   Arten von Lupus

Der Name setzt sich zusammen aus dem lateinischen Wort „lupus" für Wolf; und dem altgriechischen Wort „erythema" für Röte. Diese Erkrankung trägt häufig eine Beteiligung der Haut mit sich.

Unbehandelter Lupus in den Gesichtern der Patienten wurde oft vom Aussehen her mit Wolfsbissen verglichen, welches somit zur Namensgebung beitrug. Eine andere Bezeichnung für die Rötungen im Gesicht ist Schmetterlingsflechte.

Die nachfolgenden Ausprägungen von Lupus sind nur einige der vielzähligen Unterarten der Erkrankung.[1]

Systemischer Lupus erythematodes (SLE)

SLE ist eine Gefäßerkrankung, welche gekennzeichnet ist durch ihre Organbeteiligung. Er zählt zur Gruppe der Kollagenosen.

Es gibt zwischen 36 und 50 SLE-Erkrankte pro 100.000 Einwohnern. Jährlich erkranken 5–10 Menschen auf 100.000 Einwohner an dieser Krankheit, wobei Frauen 10–15fach häufiger betroffen sind als Männer. Die Erblichkeit von SLE wird auf ca. 44 % geschätzt. Ein höheres Risiko SLE zu entwickeln, besteht bei der Einnahme der Pille, Hormonersatztherapien und wenn man Zigarettenrauch ausgesetzt ist.[2]

---

[1] Vgl. Seitz.

[2] Vgl. Pesch/Antwerpes/Stolze/Vogt.

Kutaner Lupus erythematodes (CLE)

Der kutane Lupus erythematodes ist ein reiner Hautlupus, das bedeutet, dass im Gegensatz zu SLE keine Organbeteiligung auftritt. Es ist jedoch möglich, dass die kutane Form des Lupus im Laufe der Jahre in die systemische Form übergeht.[3]

Akut kutaner Lupus erythematodes (ACLE)

Der akut kutane Lupus ist eine Unterform des CLE, zählt zu den Autoimmundermatose und tritt in ca. 30 % der CLE-Fälle auf.

Ausgelöst wird der ACLE oft, wenn man UV-Strahlen zu lange ausgesetzt ist, tritt jedoch häufig auch ohne jegliche äußere Einwirkungen auf. Das typische Symptom bei dieser Erkrankung ist ein leicht bis tiefrotes Schmetterlingserythem im Gesicht.

Um das Auftreten der Symptome großteils zu vermeiden, sollte man sonnenintensive Situationen umgehen, bedeckte Kleidung tragen und nicht bedeckte Stellen der Haut mit Sonnencreme einreiben.[4]

Lupus erythematodes profundus (LEP)

Lupus erythematodes profundus ist eine *seltene* Unterform des kutanen Lupus erythematodes (CLE). Er trifft meistens bei Frauen im Alter zwischen 20 und 45 Jahren auf und ist, wie der ACLE, eine Autoimmundermatose. Hier treten krankhafte Hautveränderungen oft an Kopf, Gesicht, Gesäß, Oberschenkel oder Oberarmen auf, wobei schmerzlose, subkutan gelegene Knoten entstehen.[5]

Chilblain-Lupus erythematodes (CHLE)

Chilblain-Lupus oder auch „Frostbeulen-Lupus" tritt auf, wenn man sich der Kälte aussetzt, vor allem in feuchtkaltem Klima.

Betroffene leiden unter juckende, druckschmerzhafte verfärbte Hautschwellungen, welche im Verlauf zu großen polsterähnlichen Knoten werden können.

---

[3]Vgl. Antwerpes.

[4]Vgl. Antwerpes.

[5]Vgl. Antwerpes.

Eine Fotosensibilität wird hier nicht verzeichnet. Im Gegenteil zu den anderen Lupus Unterformen kommt es im Sommer hingehen zu einer Remission.

Zu den wichtigsten Maßnahmen gehört die Minderung oder Vermeidung der Kälteaussetzung, welche durch warme Kleidung zu erzielen ist. Falls dies nicht zur Besserung beiträgt, können auch Medikamente mit topischen Glukokortikoiden oder Immunsuppressiva verschrieben werden.[6]

Neonataler Lupus erythematodes (NLE)

Dies ist ein Lupus, der bei neugeborenen Kindern von Müttern mit Lupus erythematodes vorkommt und zeigt sich durch das Auftreten krankhafter Hautveränderungen und Blutbildveränderungen. Als mögliche Komplikation kann ein verlangsamter Herzschlag des Neugeborenen auftreten. Dies kann zur Folge haben, dass das Kind mit einem Herzschrittmacher therapiert werden muss.

Falls die Mutter besonder gefährdet ist, kann es zu einer Dexamethasongabe während der Schwangerschaft kommen, welche vor der 17. Schwangerschaftswoche begonnen werden muss, da die 16.-24. Woche die Anfälligsten der Schwangerschaft darstellen.

Dexamethason ist in der Lage die Plazentaschranke zu passieren, das heißt, dass die Autoimmunprozesse am Herzen des Fötus mit diesem Medikament unterdrückt werden können, da es über die Plazenta der Mutter auf das Kind übergeht. Eine Normalisierung des Blutbildes und der Haut des Neugeborenen tritt auf, sobald die gebildeten Antikörper der Mutter verschwinden.[7]

Arzneimittel-induzierter Lupus erythematodes (DILE)

Der Arzneimittel-induzierte Lupus erythematodes (drug-induced lupus erythematodes) wird durch Nebenwirkungen bestimmter Medikamenten ausgelöst und er kann sich nach dem Absetzen besagter Medikamente wieder zurückbilden. Einige der auslösenden Arzneimittel sind Hydralazin (Antihypertonikum), Isoniazid (Antibiotikum), Phenytoin (Antiepileptikum) und Penicillamin (Antirheumatikum).

---

[6]Vgl. Antwerpes.

[7]Vgl. Höring/Antwerpes.

Symptome des DIL sind u. A. Gelenkbeschwerden und Fieber – sie ähneln somit denen des systemischen Lupus erythematodes – jedoch seltener mit Nervensystem- und Nierenbeteiligung. Es gibt zurzeit keine Standardkriterien für die Diagnostik dieses Lupus.

Beim DIL gibt es, genauso wie bei dem Lupus Erythematodes, eine Unterteilung in Unterformen. Jene Unterformen sind der systemische Lupus (SLE), der subakut-kutane Lupus (SCLE) und der chronisch-kutane Lupus (CCLE), wobei der SCLE die verbreitetste Form ist.[8]

3 Ursachen von SLE

Konkrete Ursachen für den Systemischen Lupus Erythematodes gibt es bis jetzt noch nicht, aber sicher ist, dass im Blut Antikörper gebildet werden, die sich gegen Zellbestandteile und häufig auch gegen den Zellkern richten. Jene werden Autoantikörper genannt und sind der Auslöser für Entzündungen im gesamten Organismus.

Da sich die Lupusfälle in manchen Familien oft häufen, wird vermutet, dass die Erkrankung über die Gene vererbt wird. Verantwortlich dafür soll ein erblicher Fehler der Immunzellen sein.

Umweltfaktoren, die als Auslöser von Lupus eine Rolle spielen können, sind unter Anderem UV-Strahlen, welche starke Rötungen beziehungsweise Entzündungen hervorrufen können, was in einem neuen Krankheitsschub resultieren kann.

Weiterhin spielt Stress eine wesentliche Rolle, denn dieser führt zu Entzündungen im gesamten Körper, unterstützt die Bildung von Autoantikörpern und bringt Immunzellen in ein Ungleichgewicht.

Stress wird hierbei in zwei Arten unterteilt: der psychische Stress – der ausgelöst wird durch Dinge wie, ein zu stressiger Alltag, einer stressigen Arbeit, unerfüllten Lebensträumen, Depressionen, etc. – und der metabolische Stress – welcher meist durch einen kranken Darm (das sogenannte Leaky Gut Syndrom), Nahrungsmittelallergien oder einem ungesunden Lebensstil hervorgerufen wird.[9]

---

[8]Vgl. Abels/Rueter/Höring/Antwerpes.

[9]Vgl Auerswald 2018.

4   Symptome von SLE

Symptome	Häufigkeit zu Beginn (%)	Häufigkeit im Verlauf (%)
Arthralgien (Gelenkschmerzen ohne Entzündung)	77	85
Allgemeinsymptome (z.B. Müdigkeit, Abgeschlagenheit)	73	84
Hautveränderungen (z.B. Schmetterlingserythem)	57	81
Nierenbefunde (z.B. Nierenentzündung)	44	77
Arthritis (Gelenkentzündung)	56	63
Raynaud-Syndrom (Kalt- und Weißwerden von Fingern und Zehen)	33	58
Schleimhautveränderungen	18	54
Beschwerden des zentralen Nervensystems (z.B. Migräne, epileptische Anfälle oder Koordinationsstörungen)	24	54
Magen-Darm-Beschwerden	22	47
Pleuritis (Rippenfellentzündung)	23	37
Vaskulitis (Gefäßentzündung)	10	37
Lymphknotenvergrößerung	25	37
Perikarditis (Herzbeutelentzündung)	20	29
Lungenbefall	9	17
Nephritisches Syndrom (Schädigung der Nierenkörperchen)	5	11
Myositis (Entzündung der Muskulatur)	7	5
Myokarditis (Herzmuskelentzündung)	1	4
Pankreatitis	1	4

(Quelle: https://www.onmeda.de/krankheiten/systemischer-lupus-erythematodes.html#symptome)

Der Systemische Lupus Erythematodes hat eine Vielzahl an Symptomen, daher ist es schwer die Autoimmunerkrankung festzustellen. Eines der häufigsten Symptome ist das Schmetterlingserythem, welches eine symmetrische, schmetterlingsförmige Rötung der Haut verursacht, welches sich über Nasenrücken und beide Wangen erstreckt.

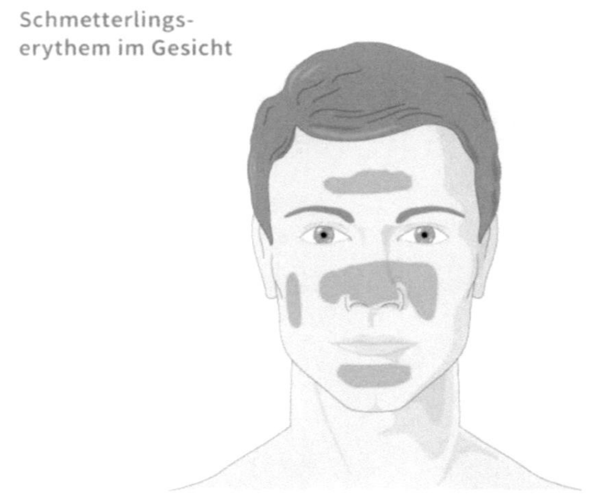

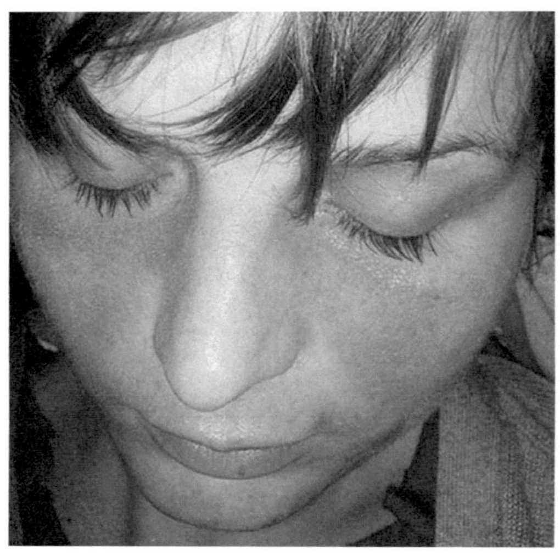

(Quelle: Ebd.)

Ein kreisrunder Haarausfall, auch Alopecia areata genannt, ist bei Lupus nicht selten. UV-Strahlung trägt zur Verstärkung der Ausschläge bei. Es treten häufig Entzündungen in kleinen Gefäßen der Haut auf, welche sich durch Einblutungen an den Fingernägeln bemerkbar machen. Jene Entzündungen können auch bei der Mundschleimhaut auftreten. Das sogenannte Raynaud-Syndrom tritt bei starkem Kältereiz auf. Die Gefäße der Finger verkrampfen sich, wodurch sie sich weiß und bläulich verfärben.

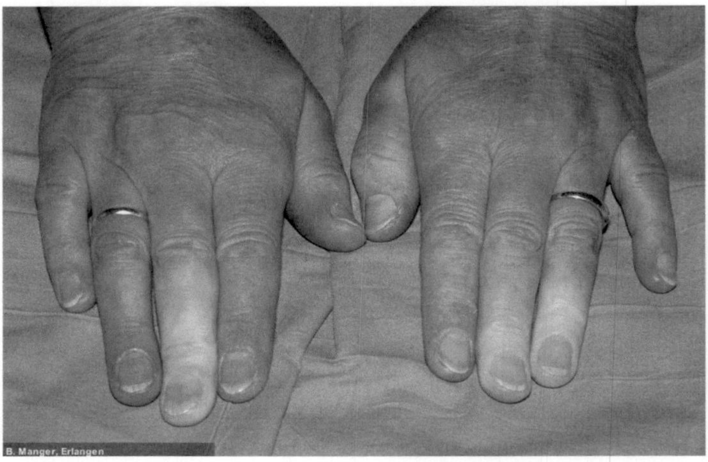

(Quelle: http://www.lupus-shg.de/bild.htm)

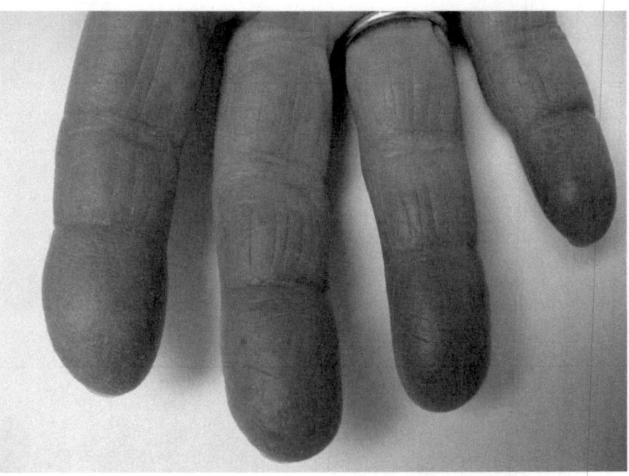

(Quelle: https://www.msdmanuals.com/de-de/profi/herz-kreislauf-krankheiten/krankheiten-der-peripheren-arterien/raynaud-syndrom)

Morgendliche Schmerzen und Schwellungen (Arthritis) an großen und kleinen Gelenken und Muskelschmerzen (Myalgien) sind einige der Hauptsymptome von diesem Lupus.

Eine Vergrößerung der Milz, Lymphknoten und Leber tritt durch das fälschlicherweise aktivierte Immunsystem auf. Entzündetes Bauchfell (Peritonitis) führt zu starken Bauchschmerzen. Das Rippenfell entzündet sich beim Lupus oft (Pleuritis).

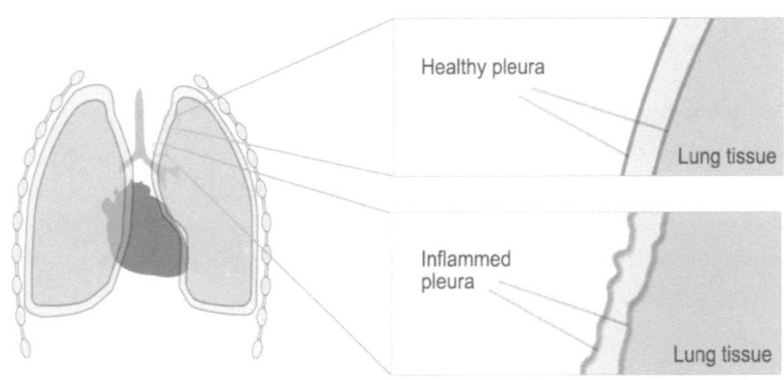

(Quelle: https://www.asbestos.com/mesothelioma/related-diseases/)

Außerdem kommen noch Flüssigkeitsansammlung um die Lunge mit hinzu – diese führen zu starken Schmerzen in der Brust beim Atmen.

Beim systemischen Lupus erythematodes kann sich sogar das Herz entzünden – hierbei entzündet sich der Herzbeutel (Perikarditis) am häufigsten – dies merkt man an Schmerzen in der Herzgegend. Ein vorzeitiges Verkalken der Gefäße (Arteriosklerose) erhöht das Herzinfarktrisiko bei SLE-Erkrankten um das 17-Fache. Die Symptome einer Nierenbeteiligung umfassen unter Anderem Eiweiß und Blut im Urin, Ödeme in Geweben, unterschiedlich steigender Blutdruck. Bei schweren Formen kann es sogar zum Nierenversagen kommen.

Das Zentrale Nervensystem kann auch beteiligt sein, wodurch Kopfschmerzen, psychische Auffälligkeiten, Krämpfe und sogar Schlaganfälle auftreten können.[10]

---

[10]Vgl. Von Bracht 2017.

5 Diagnose

Tab. 1: ACR-1997- und SLICC-2012-Kriterien – vereinfachte Darstellung

ACR-1997-Kriterien	SLICC-2012-Kriterien	
	klinisch	laborchemisch
Mind. 4 Kriterien müssen erfüllt sein	mind. 4 Kriterien (mind. 1 klinisches und 1 laborchemisches) oder biopsiegesicherte Nephritis plus pos. ANA oder dsDNA-AK	
Schmetterlingserythem	akuter kutaner LE	positiver ANA-Titer
Diskoides Erythem	chronischer kutaner LE	Anti-dsDNA-AK
Photosensibilität	orale Ulzera	Anti-SM-AK
Ulzera der Mundschleimhaut	nichtvernarbende Alopezie	Anti-Phospholipid-AK
Arthritis	Synovitis (> 2 Gelenke) oder Druckschmerz (> 2 Gelenke) oder > 30 min Morgensteifigkeit	Komplement-erniedrigung
Serositis	Serositis	direkter Coombs-Test ohne hämolytische Anämie
Nephritis	Nierenbeteiligung (Eiweißausscheidung > 500 mg/24 Std. oder Erythrozytenzylinder)	
ZNS-Beteiligung	neurologische Beteiligung	
Hämatologische Erkrankung hämolytische Anämie, Leukopenie, Lymphopenie, Thrombopenie	hämolytische Anämie	
dsDNA-AK, SM-AK, APL-AK	Leukopenie	
ANA	Thrombopenie	

Vereinfachte Darstellung. Adaptiert nach Petri M et al., Arthritis Rheum 2012 und Hochberg MC et al., Arthritis Rheum 1997

(Quelle: https://www.medmedia.at/faktenrheumatologie/what-comes-first-frueherkennung-von-kollagenosen/)

Wenn man die ACR-Kriterien und die SLICC-Kriterien vergleicht, sieht man sofort, dass die SLICC-Kriterien die detailliertere Version der beiden darstellt, da sie die Arten des Hautlupus unterscheiden und die Laborkriterien genauer sind.

Um die Diagnose SLE zu stellen, müssen mindestens vier von 17 Kriterien erfüllt sein, wobei ein klinisches Kriterium und ein Laborkriterium dabei sein muss. Beschwerden beziehungsweise Befunde müssen hierbei nicht gleichzeitig auftreten oder vorliegen.[11]

6   Therapie

Grundsätzlich richtet sich die Therapie des SLE darauf aus, wie aktiv die Erkrankung ist und welche Organe betroffen sind.

Ist der Verlauf der Erkrankung eher leicht, reicht es, den Lupus mit Antimalariamitteln, wie Hydroxychloroquin oder Chloroquin, zu behandeln.

Das Risiko einer Netzhautschädigung bei längerer Einnahme des Mittels ist zu beachten – jährliche Kontrolltermine sind daher von oberster Priorität.

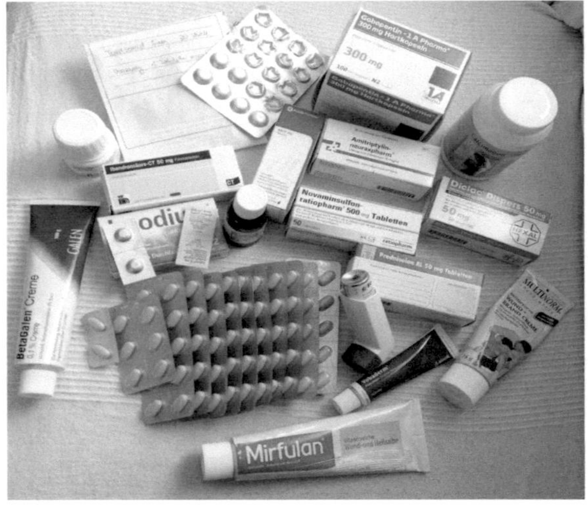

(Quelle: https://myluzi.wordpress.com/2014/07/07/kurzer-zwischenstand/)

---

[11]Vgl. Maxin 2018.

Höhere Dosen von Medikamenten aus der Wirkstoffgruppe der Glukokortikoide („Kortison") tragen fast immer zu Verbesserung des Krankheitsschubes bei. Akute Fälle erfordern sogar Dosierungen von 20 bis 100 Milligramm Prednisonäquivalent pro Tag, was auch sehr schwere Nebenwirkungen haben kann.

Weiterhin kann man auch eine Infusionsstoßtherapie mit 500 bis 1000 Milligramm pro Tag in Erwägung ziehen, welche sich über drei Tage erstreckt.

Behandlung mit Glukokortikoiden sollten so lang wie nötig, aber so kurz wie möglich sein. Kortikoide sind in den inaktiven Phasen des Lupus erythematodes oft nicht erforderlich.

Schwerere Verläufe von SLE benötigen Wirkstoffe, die das Immunsystem unterdrücken. Zu diesen Medikamenten zählen Cyclophosphamid, Azathioprin, Mycophenolatmofetil oder Methotrexat.

Sie werden vor allem eingesetzt bei Lupusnephritis – also einer schweren Nierenbeteiligung – Beteiligungen des Zentralnervensystems und Herzklappenentzündungen.

Die Gabe von Belimumab, ein künstlich hergestellter Antikörper, stellt ein neues Therapieverfahren dar, welches einen Teil der Immunzellen hemmt und die Symptome des SLE lindern soll.

Falls diese Wirkstoffe nicht zur Besserung beitragen sollten, gibt es immer noch den Wirkstoff Rituximab, der als Reservemittel zur Verfügung steht. Offiziell ist dieses Medikament jedoch nicht für die Therapie von SLE zugelassen, somit bezeichnet man dies als „off-label-use".

Außerdem gibt es nach einer Therapie mit Cyclophosphamid noch eine besondere Form der Blutwäsche (Plasmapherese) die zum Einsatz kommt. Sie ist dazu bestimmt die Autoantikörper aus dem Blut zu entfernen.

Weitere Maßnahmen zur Prävention sind unter Anderem Medikamente gegen zu hohen Blutdruck, Cholesterinsenker, Schmerzmittel, calciumreiche Ernährung und Einnahme von Vitamin D3.[12]

---

[12]Vgl. Von Bracht 2017.

7   Schlusswort

Seit meinem 15. Lebensjahr lebe ich mit der Krankheit und sie hat mein Leben damals schlagartig verändert. Meine Beschwerden traten ganz plötzlich und ohne Vorwarnung auf. Ich hatte nie irgendwelche speziellen gesundheitlichen Probleme, deswegen war diese Situation ein Schock für mich. Ich musste im Jahr 2011 Weihnachten und Silvester im Krankenhaus verbringen.

In dieser Zeit wurden zahlreiche Tests an mir durchgeführt, um herauszufinden, was es nun war, das meine Beschwerden auslöst, welche sich hauptsächlich in starken Bauch- und Rückenschmerzen, Erbrechen und Gelenkschwellungen äußerten.

Nachdem die Ergebnisse der Tests vorlagen, hatte ich genügend Kriterien erfüllt, die den Lupus bestätigten. Daraufhin teilte mir der Oberarzt meine Diagnose mit. Ich hatte zuvor noch nie von so einer Krankheit gehört und konnte all das gar nicht glauben. Die erste Zeit mit meiner Krankheit war sehr schwer. Es dauerte Jahre, bis ich mich einigermaßen mit ihr angefreundet hatte.

Ich musste mir einen bewussteren und gesünderen Lebensstil aneignen, damit es nicht wieder zur Exazerbation[13] meiner Erkrankung kommt. Zur Vorsorge sollte daher größtenteils auf Genussmittel wie Alkohol, Nikotin und Koffein verzichtet werden.

Man ist nie wirklich beschwerdefrei und gewöhnt sich irgendwann an die Schmerzen, mit denen Erkrankte tagtäglich umgehen müssen. Zusätzliche Symptome sind, zum Beispiel, Müdigkeit, Abgeschlagenheit und der sogenannte „Brain Fog" (Gehirnnebel) welcher Vergesslichkeit, Verwirrtheit, sowie Konzentrations- und Gedächtnisstörungen verursacht.

Ich habe sehr viele schmerzhafte Erfahrungen durch diese Erkrankung durchleben müssen, jedoch hat sie mir bisher auch viele Erkenntnisse mit auf meinen Lebensweg mitgeben können, welche mich heute zu einer viel stärkeren und bewussteren Person in Bezug auf meine Gesundheit gemacht haben. Man weiß das Leben mehr zu schätzen und versucht so gut es geht auf seine Gesundheit zu achten, denn es hängt immerhin sehr viel davon ab.

---

[13] Verschlimmerung, zeitweise Steigerung, Wiederaufleben einer Krankheit

8   Literaturverzeichnis

Seitz, Melissa: Lupus Erythematodes [https://www.lupus-erythematodes.com/]
Abruf: 05.08.2018.

Pesch, Melanie/Antwerpes, Frank/ Stolze, Yvonne/ Vogt, Michael: Systemischer
Lupus erythematodes
[http://flexikon.doccheck.com/de/Systemischer_Lupus_erythematodes] Abruf:
05.08.2018.

Antwerpes, Frank: Kutaner Lupus erythematodes
[http://flexikon.doccheck.com/de/Kutaner_Lupus_erythematodes] Abruf: 05.08.2018.

Antwerpes, Frank: Akut kutaner Lupus erythematodes
[http://flexikon.doccheck.com/de/Akut_kutaner_Lupus_erythematodes] Abruf:
05.08.2018.

Antwerpes, Frank: Lupus erythematodes profundus
[http://flexikon.doccheck.com/de/Lupus_erythematodes_profundus] Abruf:
05.08.2018.

Antwerpes, Frank: Chilblain-Lupus erythematodes
[http://flexikon.doccheck.com/de/Chilblain_Lupus_erythematodes] Abruf:
05.08.2018.

Höring, Steffen/Antwerpes, Frank: Neonataler Lupus erythematodes
[http://flexikon.doccheck.com/de/Neonataler%20Lupus%20erythematodes] Abruf:
05.08.2018.

Abels, Benjamin/Rueter, Laurenz/Höring, Steffen/Antwerpes, Frank:
Medikamenteninduzierter Lupus erythematodes
[http://flexikon.doccheck.com/de/Medikamenten-induzierter_Lupus_erythematodes]
Abruf: 05.08.2018.

Auerswald, Martin (2018): Lupus Ursachen – Diese Risikofaktoren sollten Sie unbedingt kennen [https://autoimmunportal.de/lupus-ursachen/] Abruf: 05.08.2018.

Von Bracht, Till (2017): Systemischer Lupus erythematodes (SLE): Alles über Symptome, Therapien und Verlauf [https://www.onmeda.de/krankheiten/systemischer-lupus-erythematodes.html#symptome] Abruf: 05.08.2018.

Maxin, Dorothea (2018): Diagnose des Lupus erythematodes [http://www.lupus-selbsthilfe.de/diagnose.htm] Abruf: 05.08.2018.

„Exazerbation" auf Duden online. URL: https://www.duden.de/node/684992/revisions/1108986/view (Abruf: 05.08.2018)